AF573534

OBSERVATIONS

De la Société Royale d'Agriculture ſur la queſtion ſuivante, qui lui a été propoſée par le Comité d'Agriculture & de Commerce de l'Aſſemblée Nationale. L'uſage des Domaines congéables eſt-il utile ou non au progrès de l'Agriculture?

Rédigées par MM. ABEILLE, l'Abbé LE FEBVRE & l'Abbé TESSIER.

Lues les dix-ſept Mars 1791.

OBSERVATIONS

De la Société Royale d'Agriculture, sur la question suivante, qui lui a été proposée par le Comité d'Agriculture & de Commerce de l'Assemblée Nationale :

L'USAGE DES DOMAINES CONGÉABLES EST-IL UTILE OU NON AUX PROGRÈS DE L'AGRICULTURE ?

Lues par M. l'Abbé LE FEBVRE, *le 17 Mars 1791.*

INTRODUCTION.

LA question sur les Domaines Congéables, en usage dans quelques Cantons de la ci-devant Province de Bretagne, faisoit partie d'un Mémoire qui a été lu à la Société par M. *le Quinio*. Nous avions été chargés M.rs *Boncerf* & *moi* de lui rendre compte de ce Mémoire. Nous n'avons pas cru devoir nous occuper alors de l'examen de cette question, pour deux raisons puissantes que nous avons exposées dans notre rapport du 17 Janvier dernier.

La premiére, parce que la Société s'eſt fait une loi de ne point donner ſon avis ſur les ouvrages imprimés qui lui ſeroient préſentés, & que M. *le Quinio*, quelque tems avant la lecture de ſon Mémoire, lui avoit remis une Brochure, dont il étoit l'Auteur, portant le titre d'*Elixir du Régime féodal, autrement dit Domaine Congéable en Bretagne.*

La ſeconde, parce que cette queſtion étant ſoumiſe à l'examen de l'Aſſemblée Nationale, nous avons penſé que la Société devoit attendre dans un reſpectueux ſilence la déciſion que les Légiſlateurs prononceroient dans leur ſageſſe.

Nous avons cependant ajouté que, ſi cette auguſte Aſſemblée nous engageoit à rompre ce ſilence & déſiroit que nous lui offriſſions nos réflexions ſur cette grande queſtion, nous ne négligerions rien pour répondre à la confiance dont elle nous honoreroit, & que nous nous empreſſerions de lui adreſſer nos Obſervations ſur l'eſpéce & le dégré d'influence que le Domaine Congéable peut avoir en général ſur l'Agriculture; & ſur celui qu'il a en particulier dans les Cantons de la Baſſe-Bretagne, où il eſt en uſage.

M. *Hell*, Député à l'Aſſemblée Nationale a remis à la Société, le 24 du mois de Janvier, un extrait du Procès-verbal du Comité d'Agriculture & de Commerce du 17 du même mois ; ainſi qu'une Lettre de M. le Préſident de ce Comité, en date du 18. Il a accompagné ces deux piéces de réflexions particulières dont il a donné lecture.

L'extrait du Procès-verbal du Comité contient une motion faite par M. *Hell*. Elle eſt conçue en ces termes :

« La matière des Domaines Congéables agitée » à l'Aſſemblée Nationale eſt d'une ſi grande im» portance, que la déciſion qui interviendra, » influera beaucoup ſur la proſpérité des Contrées » où cette eſpéce de Contrat eſt en uſage.

» Cette conſidération doit porter l'Aſſemblée » à ſe procurer tous les éclairciſſemens poſſibles » pour ne ſe déterminer que dans la plus grande » connoiſſance de cauſe.

» C'eſt ce qui me porte à prier le Comité, » d'inviter la Société royale d'Agriculture à » donner ſon avis ſur la queſtion ſuivante :

» *L'uſage des Domaines Congéables eſt-il utile* » *ou non aux progrès de l'Agriculture ?* »

Le Comité a adopté cette motion & a autoriſé ſon Préſident à écrire à la Société, pour l'engager à donner ſon avis ſur la queſtion propoſée.

Cette délibération eſt l'objet de la Lettre adreſſée à la Société par M. le Préſident du Comité.

M. *Hell* dit, dans ſes réflexions, qu'il croiroit manquer à la juſtice, s'il demandoit l'avis de la Société ſur la queſtion de ſavoir, ſi les baux de la nature de ceux à Domaine Congéable, ci-devant faits, doivent être maintenus ou non, parce que l'Aſſemblée Nationale *ne peut ni ne veut* changer l'effet de la volonté des Contractans ou de leurs Ayans-cauſe.

Mais il engage cette Compagnie à rédiger un modéle ou projet de location qui encourage les deſſéchemens des marais & les défrichemens des terres incultes; qui favoriſe les Progrès de l'Agriculture; qui faſſe le bien du Propriétaire & du Colon; qui les réuniſſe par des intérêts communs, & qui détruiſe juſqu'à la poſſibilité des procès entr'eux.

La Société nous a chargés M. *Abeille*, M. *l'Abbé Teſſier & moi*, d'examiner la queſtion ſur laquelle le Comité l'a invité à donner ſon avis, ainſi que la demande de M. *Hell*, ſon Correſpondant.

Nous nous ſommes occupés de cet examen avec toute l'attention qu'exigeoit une queſtion de ſi grande importance; avec le zèle qu'inſpire le bien général, ſeul objet des travaux de la Société; enfin, avec le courage & la conſtance dont il a fallu s'armer pour lire, analyſer, méditer

& comparer les nombreux écrits de controverse, publiés depuis peu, pour & contre sur cette matiere ; écrits qui ne nous ont été remis que successivement jusqu'au 3 de ce mois (1).

---

(1) Les écrits publiés contre l'usage des Domaines Congéables, qui nous ont été remis, sont au nombre de six ; savoir : Procès-verbal de l'Assemblée de la Bretagne & de l'Anjou tenue à Pontivy. —— Réponses des Députés extraordinaires de Bretagne & d'Anjou, &c. —— Pétition du Corps électoral du Morbihan à l'Assemblée Nationale. —— Elixir du Régime féodal, autrement dit, Domaine Congéable en Bretagne, par M. *le Quinio*. —— Le Pour & le Contre sur les Domaines Congéables, par le même. Dernieres réflexions sur les Domaines Congéables, par le même.

Les écrits publiés en faveur de cet usage, sont Examen de la question de savoir si les Domaines Congéables de la Bretagne, &c. par M. *Henrion*. —— Délibération du Directoire du District de QUIMPERLÉ, sur les Domaines Congéables. —— Consultation des Jurisconsultes de Rennes sur les Domaines Congéables, par MM. *le Grand, Boylesve, Frot, Marice du Lérain, le Livec, Chaillou, Potier, le Gars, & R. G. le Mérer*. —— Consultation sur les Domaines Congéables de Bretagne, par MM. *Ferey, du Verne* & *Collet*. —— Caractéres & effets du Bail à Domaine Congéable en Bretagne, par M. *Boudet* —— Réflexions impartiales, &c., par M. *René le Prêtre de Châteaugiron*. —— Mémoire sur les Domaines Congéables de Bretagne, par M. *Desnos* l'aîné. —— Dissertation sur les Usemens des Domaines Congéables, &c. *par le même*.

L'intérêt opposé des Parties a été de tout tems; & sera toujours la cause de la majeure partie des discussions. Plus les intérêts sont grands, plus les discussions deviennent graves & importantes; & lorsque l'amour-propre se mêle à l'intérêt, ce qui n'arrive que trop souvent, il est bien rare que l'aigreur ne se mette pas de la partie. Alors les écrits se multiplient à l'infini; on y emploie les sophismes & toutes les subtilités de la chicane; on trempe les plumes dans le fiel; on tord les textes, quelquefois on les altère; on va même jusqu'à abuser des mots qui en fixent le sens.

Les intérêts opposés, dans la question sur les Domaines Congéables, sont très-grands. En effet, si elle étoit décidée par l'Assemblée Nationale, conformément aux voeux des Demandeurs, les *Domaniers*, d'une part, qui n'ont en ce moment qu'une propriété imparfaite, partielle & résoluble d'un commun accord, deviendroient, pour une somme très-modique, propriétaires absolus, fonciers & perpétuels. D'autre part, les

---

—— Observations sur les Domaines Congéables dans l'Usement de Rohan, par M. *Burel.* —— Idées d'un Agriculteur Patriote.

On nous a remis aussi deux autres imprimés : Essai de loi sur les Domaines Congéables, par MM. *Lanjuinais, Varin, le Gendre* & *Fermon.* —— Projet de Décret sur les Domaines Congéables, par M. *Baudouin.*

Fonciers perdroient tous leurs droits ſur les fonds; les ſurſaces, les édifices & ſuperfices qui forment leur patrimoine, c'eſt-à-dire que, moyennant un très-foible dédommagement, ils ſeroient privés d'une propriété réelle, primitive & auſſi inviolable que telle eſpéce de propriété que ce ſoit.

C'eſt donc parce que les intérêts oppoſés ſont très-grands dans la queſtion ſur les Domaines Congéables, que cette queſtion eſt devenue ſi importante. Si les *Fonciers* & les *Domaniers* euſſent été perſuadés, comme l'eſt M. *Hell*, que l'Aſſemblée Nationale *ne peut ni ne veut* changer la volonté des Contractans, ils ſe ſeroient les uns & les autres bien moins inquiétés, bien moins agités, bien moins tourmentés.

Pour mettre de l'ordre dans ce travail, nous le diviſerons en deux Parties. Dans la premiére, nous donnerons les connoiſſances néceſſaires pour l'intelligence de la queſtion propoſée; l'examen de cette queſtion ſera l'objet de la ſeconde.

PREMIÉRE PARTIE.

Connoiſſances néceſſaires pour l'intelligence de la queſtion propoſée.

Avant de nous livrer à l'examen de la queſtion

propoſée, nous avons dû nous appliquer à connoître, non-ſeulement ce que c'eſt que le Domaine Congéable, qu'elle eſt ſa véritable définition, dans quels Cantons de la ci-devant Province de Bretagne il eſt en uſage, mais encore bien ſaiſir la ſignification des mots uſités, & nous aſſurer de la vraie teneur des textes, parce que, dans leurs Mémoires, les *Domaniers* & les *Fonciers* définiſſent le Domaine Congéable, donnent aux mots les ſignifications, rapportent & interprétent les textes, ſuivant le dégré d'intérêt qu'ils mettent à la queſtion.

Pour fixer nos idées, au milieu de tant d'incertitudes, nous avons eu recours à la Coutume de Bretagne, & aux meilleurs Auteurs qui l'ont commentée. Les détails dans leſquels nous allons entrer, ſont les réſultats de nos réflexions, nous pourrions dire de nos méditations ſur ces ouvrages.

Si la matiére des Domaines Congéables étoit plus familiére aux Membres qui compoſent la Société, nous nous diſpenſerions de l'entretenir de ces détails minutieux, faſtidieux même, mais devenus néceſſaires, parce que ceux qui la connoiſſent ſont en très-petit nombre, & que l'avis que la Société donnera, doit être établi ſur des notions certaines, pour porter le caractére de l'esprit de justice, d'impartialité, & de zéle pour le bien public, qui ont toujours dirigé ses travaux.

Nous allons donc, 1°. indiquer les Cantons de la ci-devant Province de Bretagne où le Domaine Congéable est en usage : 2°. fixer la signification des mots employés dans les différens Usemens : 3°. donner la définition du Domaine Congéable : 4°. enfin, donner l'extrait des usemens particuliers qui concernent ceux qui sont l'objet des Domaines Congéables.

ARTICLE PREMIER.

Cantons de la ci-devant Province de Bretagne, où le Domaine Congéable est en usage.

Parmi les différens cantons de la ci-devant province de Bretagne, où le Domaine Congéable est en usage, nous n'indiquerons que ceux qui ont rapport à la question.

L'Usement de *Rohan* est celui qui a excité avec raison le plus de réclamations de la part des Domaniers. Il régit les territoires des anciennes jurisdictions de *Rohan*, *Corlay*, *Pontivy*, *Baud*, & quelques autres inférieures. Il s'étend sur des cantons beaucoup moins vastes que chacun des trois suivans.

Celui de *Cornoailles* régit presque tout le Diocèse de *Quimper*, & quelques parties de *S. Paul de Léon*.

L'Usement de *Broucrec* s'étend en longueur depuis la riviere de la *Roche Bernard*, jusqu'à la Croix du Pont de *Quimperlé*, & en largeur depuis le rivage de la mer jusqu'au Comté de *Porhoët*, & le ci-devant *Vicomté de Rohan*, ce qui comprend le territoire des jurisdictions royales de *Vannes*, *Auray*, *Rhuis* & *Musillac*, la plus grande partie de celle de *Hennebond*, avec les jurisdictions qui en relevent, même les Paroisses d'*Arzal*, *Péaule*, *Marsan*, *Noyal* & autres voisines.

L'Usement de *Treguier* & *Goello* comprend tout le Diocèse de *Treguier*, tout le ci-devant Comté de *Goello*, ainsi que *Paimpol*, *Lanvolon*, *Quintin*, *Pordic* & plusieurs autres cantons dans les Diocèses de S. *Brieuc*, *Dol*, *Quimper*, & même *Léon*.

Il y a aussi un Usement particulier pour la ci-devant principauté de *Léon* & la jurisdiction de *Daoulas*.

Indépendamment de ces Usemens, il en existoit d'une autre espéce que l'on nommoit droit de *Motte*, droit de *Quevaise*. Les Tenanciers ou détenteurs qui y étoient sujets, s'appelloient

Hommes Motoyers, *Quevaisiers*. Les cantons dans lesquels ils étoient en usage, n'étoient pas considérables. Les autres Usemens compris dans la coutume concernent les Villes ; & n'ont aucun rapport à la question.

ARTICLE SECOND.

Signification des mots employés dans les différens Usemens.

Les mots dont il est nécessaire de faire connoître & de fixer la signification, sont ceux-ci: *Usement*, *Édifices*, *Superfices*, *Droits Convenantiers*, *Droits Réparatoires*, *Acconvenancer*, *Domanier*, *Convenantier*, *Congément*, *Etager*, *Baillée*, *Nouveautés*, *Commissions*, *Tenue*, *Héritage*, *Domain Congéable*, *Seigneur foncier*.

Le mot d'*Usement* est sinonime avec ceux *d'Us* & *d'Usances*. Il signifie comme ces derniers des coutumes locales & particuliéres. Les Usemens ont eu la même origine que les Coutumes ; les uns &les autres étoient, dans le principe, des usages non écrits, formés par les Conventions, que les habitans d'un canton avoient accoutumé de passer entr'eux. Avant que les *Usemens* fussent écrits, ils ne se conservoient que par la tradition des Hommes de loi, dont le témoignage étoit d'un grand poids dans les contestations qui y avoient rapport.

Les *Édifices* sont les maisons & les bâtimens de service qui se trouvent sur les fonds.

Les *Superfices* sont les murs de clôture, les haies, les fossés, les récoltes sur pied, les tissus des prairies, les bois *puinais*, c'est-à-dire, *mort bois*, les taillis, arbres fruitiers, engrais, tous les objets qui doivent leur existence à l'art, au travail ou à la culture de l'homme, & qui existent sur la superficie du fonds, de laquelle ils ont pris la dénomination, & en général les améliorations utiles & permises.

Les *Droits Réparatoires* ou *Convenantiers* signifient les objets remboursables, tels que les édifices & superfices. Le mot *réparer* est employé dans les articles 3, 19, 24 & 25 de l'Usement de Cornoailles, comme synonime de rembourser.

Acconvenancer c'est donner, céder, bailler, vendre avec des conventions particulieres réciproquement consenties.

Domanier, *Convenantier* est l'usufruitier d'un fonds, propriétaire en même temps des édifices & superfices de ce fonds, mais dont l'usufruit & la propriété peuvent cesser à des époques convenues.

Le *Congément* est le renvoi du Domanier, qui s'opère par le remboursement des édifices, superfices, améliorations utiles & permises, par le Propriétaire foncier, ou par un Colon subrogé aux droits du Foncier, au Domanier, en vertu d'un Jugement & conformément à une estimation par experts, qui se fait aux frais de celui qui rembourse.

Un *Etager* est un Domanier qui a des bâtimens sur sa tenue.

La Baillée est un acte par lequel le Propriétaire foncier consent la prolongation de la propriété des édifices & superfices en faveur du même Domanier. Cette prolongation est ordinairement de six ou neuf ans. C'est encore un acte par lequel le Foncier, en donnant à un autre Colon le pouvoir de congédier celui qui est en jouissance, lui transporte la propriété des édifices & superfices pour un tems convenu.

Les *Nouveautés* ou *Commissions* sont les deniers d'entrée ou pot de-vin que le Domanier consent de payer au Propriétaire foncier, lors du renouvellement de la *Baillée*.

La *Tenue* est le corps ou l'ensemble de tout ce qui est concédé au Domanier par le Propriétaire foncier.

Domaine & *Congéable* répondent nettement à

deux objets très-distincts, présentent deux idées absolument différentes. *Domanium* est un mot de la basse latinité qui est tiré du mot latin *Dominium*, & qui a rigoureusement le même sens ; il suppose nécessairement une propriété fonciére, il présente l'idée d'un Propriétaire de fonds.

Congéable tiré de *Congeare*, qui est aussi un mot de la basse latinité, répond au mot latin *dimittere*. Il suppose nécessairement & représente à l'idée, un Fermier que le Propriétaire est en droit de congédier, de renvoyer au temps convenu. *D'Argentré* traduit en latin le Domaine congéable par ces mots, *Domanium migratorium* ; & il ajoute, *congedialia Domania dicuntur*, *quia suo tempore migrare accipientes coguntur.*

Enfin quant aux mots *Seigneur foncier*, on en trouve la vraie signification dans les textes des différens Usemens. D'après ces textes, *Seigneur foncier* ne signifie pas *Seigneur possédant fief*, mais *propriétaire de fonds*, *dominus fundi*. En effet voici ce que l'on lit à la fin de l'article 2 de l'Usement de Cornoailles (1) « leurs veuves » (des Domaniers) y prennent douaire, quand » ils sont vendus (les édifices & superfices) à

(1) Coutumes de Bretagne à *Rennes*, chez *Joseph Vatar*, édition de 1742, page 411.

» autres qu'au *Seigneur foncier*, les retirent par » prémesse, en prennent possession, font bannir » & s'en approprient, avec pareilles solem- » nités que l'on observe, *pour soi rendre* SEI- » GNEUR *irrévocable de tout autre héritage*, sans que » pour cela ils payent aucunes ventes ». Le mot *Seigneur* employé dans ce texte ne signifie certainement pas Seigneur de fief, il signifie bien évidemment propriétaire d'un fonds, *dominus fundi*, propriétaire d'un *héritage*. Nous venons de dire qu'un héritage étoit un bien dont le fonds & les édifices & superfices appartiennent au même propriétaire.

L'article 13 de l'Usement de Tréguier & Goello porte (1) « il n'est pas besoin d'avoir fief & » jurisdiction pour avoir des Convenantiers » Congéables, comme plusieurs croyent faus- » sement ; il suffit d'avoir terre & maison à la » campagne, soit noble ou roturiére ». Suivant ce texte, il est bien constant qu'un roturier peut être propriétaire de Domaines congéables. Le Propriétaire roturier est appellé comme les autres propriétaires *Seigneur foncier* ; & cependant on n'entend pas par ces mots *Seigneur de fief*, mais propriétaire de fonds : *dominus fundi*. FUNDUS *est locus cum ædificio* ; AGER

(1) Ibidem, page iv.

dicitur rure locus sine ædificio, qui in urbe dicitur AREA.

Dans l'usement de Rohan, ainsi que dans les autres, les propriétaires de Domaines congéables sont appellés tantôt *Seigneurs* sans autre épithéte, comme dans l'article 4 (1) « Le *Seigneur* » exclut les autres collatéraux comme les oncles, » tantes, cousins & leurs enfans », tantôt *Propriétaires*, comme dans l'article 16 (2) « aussi les » Douairieres ne peuvent congéer sans le con» sentement du *Propriétaire* » ; tantôt enfin *Seigneur foncier*, comme dans l'article 32 (3) » aucun droit de prémesse n'appartient des édi» fices & tenues vendues en ladite Vicomté, » après le consentement du *Seigneur foncier* », & dans l'article 13 (4) « au prisage des édifices sont » employés les arbres portant fruits de ladite » tenue, & non les arbres & bois de décora» tion, qui appartiennent au *Seigneur foncier* ».

Si ces textes ne suffisoient pas pour fixer la signification du mot *Seigneur* employé dans tous les Usemens, nous renverrions aux titres qui existoient avant l'établissement des fiefs en France;

(1) Coutume de Bretagne déja citée, page 407.

(2) Ibidem, pag. 408.

(3) Ibidem, pag. 409.

(4) Ibidem, pag. 408.

titres

titres écrits, pour la majeure partie en latin : *on y trouveroit le mot* Dominus, *employé très-ſouvent*, & on ſeroit forcé de convenir que ce mot ne pouvoit ſignifier alors que *propriétaire de fonds*, lorſqu'il s'agiſſoit de fonds, puiſqu'alors il n'exiſtoit aucun fief; & que par la même raiſon celui de *Seigneur*, employé dans tous les Uſemens, ne peut avoir une ſignification différente, puiſque, de l'aveu de toutes les parties, les Domaines congéables, & par ſuite les Uſemens qui les régiſſoient, exiſtoient dans la ci-devant province de Bretagne avant l'introduction des Fiefs.

Nous avons inſiſté davantage ſur la ſignification des deux mots *Seigneur foncier*, que ſur celles de tous les autres, parce que dans les Mémoires en faveur des Domaniers, on a affecté, d'une manière trop remarquable, de leur donner celle de *Seigneur de fief*, & que l'on a même été dans l'un de ces Mémoires, juſqu'à ſubſtituer, un aſſez grand nombre de fois, le mot *Vaſſal* à ceux de Colon, Détenteur, Tenancier, Domanier, tandis que ce mot *Vaſſal* n'eſt employé que deux fois dans les Uſemens, qu'il l'eſt aux articles 4 & 26 de l'Uſement de Tréguier & Goello, & que ces articles ne ſont pas cités dans le Mémoire en queſtion.

ARTICLE TROISIEME

Définition du Domaine congéable.

Le Domaine congéable peut être généralement défini, d'après la teneur de tous les Usemens, une Propriété composée de trois parties principales, savoir *le fonds*, *les édifices*, *les superfices*; la premiere desquelles parties, *le fonds*, est affermée ou donnée à bail pour six ou neuf années, par un contrat synallagmatique, moyennant une rente annuelle, dont le montant est fixé par les Contractans; les deux autres parties, *les édifices & les superfices*, sont cédées, aliénées, vendues pour une somme qui en représente la valeur, & qui est plus ou moins considérable, suivant les clauses particulières insérées dans l'acte, d'après l'Usement qui régit le Canton où le Domaine est situé; mais universellement avec la faculté perpétuelle au bailleur de congédier le preneur à la fin du bail, en lui remboursant préalablement les édifices & superfices, ainsi que les améliorations utiles & permises qu'il peut avoir faites, & ce, suivant l'estimation par experts convenus entre les parties, ou nommés d'office, aux frais du Propriétaire foncier.

Nous regardons comme superflu de prouver

chacune des parties de cette définition ; mais en rapprochant, comme nous l'avons fait, les différens articles des Uſemens qui contiennent des clauſes générales, on conviendra, du moins nous le penſons, qu'il ſeroit difficile de définir plus exactement, plus clairement & plus briévement le Domaine congéable.

On conclura, & avec raiſon de cette définition, que l'acte relatif à un Domaine congéable eſt un contrat mixte qui contient un bail & une vente. Un bail à l'égard du fonds, puiſque la jouiſſance en eſt abandonnée pour ſix, neuf années & quelquefois plus, moyennant une ſomme payable chacun an par le preneur ; une vente, à l'égard des édifices & ſuperfices, puiſque le bailleur reçoit une ſomme qui repréſente leur valeur. On conclura auſſi que par cet acte, le bailleur conſerve la propriété entiére du fonds, & tranſporte celle des édifices & ſuperfices au preneur, puiſqu'il en reçoit de lui le prix. On conclura encore que par cet acte, le preneur n'eſt qu'uſufruitier du fonds, & propriétaire ſeulement *pro tempore* des édifices & ſuperfices, puiſque le bailleur ſe réſerve le droit de rentrer dans cette propriété, en rembourſant la ſomme qu'il a reçue du preneur. Enfin on conclura que le fermage du fonds eſt la principale & la prédominante convention de l'acte, & que la réſolution de la vente des édifices & ſuperfices lui eſt ſubordonnée, puiſque le Propriétaire foncier peut congédier le Domanier à l'époque où finit le fermage, en lui rembourſant la valeur de ſes édifices & ſuperfices.

Les clauſes d'un pareil acte ſemblent contrarier d'abord les idées ordinaires & communes; mais ſi on les compare à celles inſérées dans les contrats de vente à réméré, aſſez généralement connus, on verra que ces deux actes ſe reſſemblent ſous beaucoup de rapports. Afin de faciliter cette comparaiſon, & pour que l'on puiſſe mieux juger de cette reſſemblance, nous terminerons ces détails par faire connoître les clauſes particuliéres & eſſentielles que contiennent les différens Uſemens. D'ailleurs, ſi nous omettions de les rapporter, nous n'aurions rempli que très-imparfaitement notre tâche, parce que nous n'aurions donné qu'une idée incomplette des Domaines Congéables.

ARTICLE QUATRIÉME.

Extrait des Uſemens qui concernent chacun de ceux qui ſont l'objet des Domaines Congéables.

Parmi les clauſes particulieres & eſſentielles

que contiennent les Uſemens qui régiſſent les différens Cantons de la Baſſe-Bretagne, où le Domaine Congéable eſt en uſage, il en eſt qui concernent les Propriétaires fonciers, d'autres les Domaniers, & quelques-unes la femme, les enfans & les héritiers de ces derniers. Nous avons raſſemblé ces clauſes par extrait, ſous chacun de ces trois principaux titres, en diſtinguant les Uſemens, afin que l'on puiſſe en ſaiſir mieux & plus facilement l'eſprit & l'enſemble.

SECTION PREMIÉRE.

Extrait des Uſemens particuliers qui concernent les Propriétaires fonciers (1).

USEMENT DE ROHAN.

Les Propriétaires fonciers ont Juſtice ſur leurs

(1) Dans tous les Uſemens, on donne indifféremment aux Propriétaires, les noms de *Seigneurs*, *Seigneurs fonciers*, *Propriétaires*, *Propriétaires fonciers*, & aux Colons, ceux de *Détenteurs*, *Tenanciers*, *Convenanciers*, *Colons*, *Domaniers* : afin d'éviter toute équivoque, nous prévenons que pour déſigner les premiers, nous employerons toujours les mots *Propriétaires fonciers*, & que nous appellerons conſtamment les ſeconds, *Domaniers*.

Domaniers, comme ſur les autres hommes de Fief. —Ils ont le droit, ou de rembourſer les Acquéreurs des Tenues qui ont été vendues par des Domaniers ayant des enfans, ou de payer les ſuperfices, à dire d'Experts, & de prendre un droit de conſentement ſur le taux des lods & ventes.

Doubles ventes leur ſont dues, lorſque les Acquéreurs de Domaines Congéables ont négligé de leur exhiber, ou à leurs Officiers, leurs contrats dans les quarante jours.—Lorſqu'une Tenue eſt vendue ſans leur conſentement, ils ont un droit de prémeſſe ou retrait.— Si les mêmes Propriétaires fonciers, ou leurs prédéceſſeurs, ont donné à bail pluſieurs piéces de terres aux mêmes Domaniers, ou à leurs prédéceſſeurs, ils peuvent, d'accord avec les Domaniers, former une ſeule Tenue de ces mêmes terres.—Lorſqu'ils rentrent dans leurs Domaines à la fin du bail, ils ont droit au quart des productions de la terre qui doivent être récoltées, & des engrais.—Le fonds & la propriété des tenues leur appartiennent, ſi le contraire ne peut être démontré par titres. — Leurs Tuteurs & Curateurs ne peuvent rentrer dans les Domaines Congéables, ſans décret de Juſtice & avis de parens.—Les Propriétaires fonciers peuvent congédier les Domaniers quand bon leur ſemble, en leur rembourſant les édifices, ſuperfices, & droits convenantiers, ſelon l'eſtimation qui en eſt faite par des Commiſſaires-Priſeurs, dont les Parties conviennent, ou qui ſont nommés d'office : cette eſtimation eſt faite aux frais des Propriétaires fonciers. — Ils ne peuvent congédier les Domaniers qu'après l'expiration des baux, qui ſont ordinairement de ſix années, lorſqu'ils ont reçu des deniers ou pots-de-vin ; & s'ils les congédient avant l'expiration des baux, ils ſont obligés de leur rembourſer les pots-de vin. Lorſque les ſix années des baux ſont expirées, ils ne ſont pas tenus au rembourſement. — Ils ont pour leur conſentement le cinquième du prix de la vente des Domaines Congéables, lorſque les Domaniers, ſans enfans, ſont forcés de les vendre ; ce qu'ils ne peuvent faire ſans une très-grande néceſſité.

USEMENT DE CORNOAILLES.

Les Propriétaires fonciers peuvent congédier les Domaniers de leurs Tenues, quand bon leur ſemble, mais ſeulement après l'expiration des baux, ſoit que leur durée ſoit de neuf années, ou plus ; & dans ce cas, ils doivent rembourſer les édifices & ſuperfices, à dire d'Experts, Arpenteurs,

Appréciateurs convenus : ils peuvent même les congédier pendant la durée du bail, s'ils veulent habiter les Tenues; alors ils sont tenus envers les Domaniers, à un dédommagement particulier, & indépendant du remboursement des édifices & superfices, dans lesquels sont compris les arbres fruitiers, les améliorations faites dans les jardins, vergers, clôtures ou pourpris, les pailles *trempes*, *stucs*, ou engrais, qui sont sur & dans la terre, les prairies, même les genêts ou landes, lorsqu'ils ont plus d'un an. — Ils ne peuvent exiger, & il ne leur est point dû de droits de ventes pour les baux de dix-neuf ans, ni pour ceux à plus long terme.

Usement de Brouerec.

Les Propriétaires fonciers peuvent congédier les Domaniers, lorsqu'il leur plaît, en leur remboursant préalablement les édifices & superfices, & en les laissant jouir des *stucs* & engrais; mais le congément ne peut être fait qu'après l'expiration du terme porté par le bail, s'il en existe un. — Ils n'ont pas besoin de prouver la possession des Domaines Congéables, lorsqu'elle leur est contestée par les Domaniers qu'ils congédient : la présomption est pour eux, jusqu'à ce que le contraire ſoit établi par titres de la part des Domaniers. — Ils ne ſont point obligés de renouveller les baillées aux mêmes Domaniers : ils peuvent, après l'expiration du bail, en paſſer un à un autre, & le ſubroger à faire le rembourſement des édifices, ſuperfices, & droits réparatoires, ou les rembourſer eux-mêmes. — Ils n'ont point, à titre de Propriétaires fonciers, de Juriſdiction, ni Juſtice civile ou criminelle ſur leurs Domaniers, ni lods & ventes, rachats, ou autres droits ſemblables. — Ils ſont tenus aux frais du priſage, ainſi qu'à ceux du rembourſement. La revue eſt aux dépens de celui qui la demande.

Usement de Treguier et Goello.

Les Propriétaires fonciers peuvent abattre les bois par le pied ſur les Tenues de leurs Domaniers, en les dédommageant, pourvu que ce ne ſoit pas des arbres fruitiers, parce qu'ils appartiennent en entier aux Domaniers, qui peuvent en diſpoſer à leur volonté, ainſi que des émondes des chênes & des puinais ou mort-bois. — Lorſqu'ils ont des Domaniers dans l'étendue de leurs Fiefs, & dans la banlieue de leurs moulins, ils peuvent les obliger à ſuivre leur Juſtice & leurs moulins ;

mais si les Domaniers sont étagers, & s'ils demeurent dans le Fief d'un autre, ils suivent la Justice & le moulin de ce dernier, parce qu'il n'est pas besoin d'être Seigneur de Fief, pour avoir des Domaniers, comme plusieurs le croyent faussement; il suffit d'avoir des terres & une maison à la campagne, soit nobles ou roturières.

SECTION SECONDE.

Extrait des Usemens particuliers qui concernent les Domaniers.

USEMENT DE ROHAN.

Les Domaniers doivent aux Propriétaires fonciers aveu & déclaration des terres de leurs Tenues, des rentes dont ils sont chargés, à chaque mutation d'hommes; ils doivent comparoître de dix ans en dix ans à la réformation de leurs rôles, en faire à leur tour la recette, ainsi que celle des rentes, suivre leurs moulins, charroyer du vin, du sel, du bois pour leur provision, faner leurs foins, & les charroyer, leurs dépenses leur sont remboursées. — Les Douairieres ne peuvent les congédier sans le consentement des Propriétaires fonciers.

Ils ne peuvent, ſans pareil conſentement, faire ſur leurs tenues de nouveaux bâtimens ni augmenter ceux qui exiſtent. — Ceux qui ont des enfans, peuvent vendre les édifices de leurs Tenues; mais ils ne peuvent les gréver de rentes ſans le conſentement des Propriétaires fonciers. — Ils n'en ont pas beſoin pour ſous-fermer leurs Tenues, lorſque le bail n'excéde pas neuf années.

Usement de Cornoailles.

Les Domaniers, dans tout le ci-devant Comté de Cornoailles, excepté la partie de la juriſdiction de Daoulas, ſont maîtres des édifices & ſuperfices de leurs Tenues; ils peuvent en diſpoſer comme de leurs héritages, ils peuvent partager entr'eux les fonds & ſuperfices ſans appeller les Propriétaires fonciers, mais ils ne peuvent diviſer les rentes ſans leur conſentement. — La ſeule poſſeſſion de quarante ans rend les Domaniers propriétaires irrévocables des édifices, ſans qu'ils aient beſoin de prouver leur propriété par titres. — Les bois qui croiſſent ſur les foſſés & au dedans leur appartiennent, excepté ceux propres à merrain, dont ils n'ont que les émondes, ainſi que de tous bois de merrain de haute-futaie qui croiſſent dans leurs parcs & clôtures. Ils ne peuvent émonder les *rabines* & bois de haute-ſutaie qui ſont au pourpris de leurs Tenues, ſoit nobles ou roturières, encore moins les couper par pieds. — Ils ne peuvent également conſtruire ſur leurs Tenues des bâtimens nouveaux, ſans le conſentement du Propriétaire foncier, parce qu'ils ne peuvent grever le fonds ſans ſa permiſſion (1). — Ils peuvent, ſans la permiſſion des propriétaires fonciers, faire les améliorations utiles & néceſſaires, telles que haies, foſſés, vergers, jardins & prairies.—Ils doivent, ſi ils n'en ſont pas diſpenſés par les baux, neuf corvées par an aux Propriétaires fonciers; ſavoir, trois journées de voitures d'attelage pour les tranſports de leurs bois, vins & foins; trois de chevaux ſans attelage, & trois de travaux de leurs mains. Ils ne les doivent pas hors de la juriſdiction dans laquelle ils habitent, ſi ce n'eſt pour les charrois de vins, blés & ardoiſes. Ces corvées ſont eſtimées à raiſon de dix ſols les trois premières, cinq ſols les ſecondes &

(1) Grever le fonds, s'entend quand les édifices une fois payés, valent plus que le fonds une fois priſé, non pas plus que l'affranchiſſement de la rente au denier 20, qui eſt ſouvent fort médiocre, attendu les grands avantages dont jouiſſent les Domaniers.

deux ſols & demi les troiſiémes. Elles ne ſont pas dues par les Domaniers qui n'ont aucunes maiſons dépendantes de leurs Tenues. — Ils peuvent vendre leurs édifices à qui bon leur ſemble, même par parties, ſans le conſentement des Propriétaires fonciers, à condition que la rente reſtera due ſur l'univerſalité de la Tenue ; ſans cette clauſe, le conſentement du Propriétaire foncier eſt néceſſaire. — Ils ne peuvent forcer les Propriétaires fonciers à les congédier ; ils peuvent l'être ſéparément lorſqu'ils ont diviſé leurs Tenues. — Ils peuvent déguerpir les Domaines, lorſqu'ils les trouvent trop arrentés & chargés ; mais il faut qu'ils en préviennent judiciairement les Propriétaires fonciers ; il faut que le bail ſoit fini ; il faut qu'ils renoncent au rembourſement des édifices & ſuperfices & autres droits réparatoires, qu'ils acquittent les arrérages échus, qu'ils donnent une déclaration des terres qu'ils abandonnent.

USEMENT DE BROUEREC.

Les Domaniers ne ſont pas obligés de paſſer de nouveaux baux, à moins qu'ils n'en ſoient requis par les Propriétaires fonciers, ce qu'ils peuvent faire quand bon leur ſemble, lorſque le bail qui existoit est expiré. — Ils peuvent transporter leurs droits réparatoires à un tiers, qui demeure soumis à ce même congément. — Ils ne peuvent, sans une permission expresse des Propriétaires fonciers, faire aucuns nouveaux bâtimens sur leurs tenues ; changer l'état, la forme & les dimensions des anciens en les réparant ; de même à l'égard des fossés & des clôtures des terres ; & en cas de contravention, les Propriétaires fonciers ont l'option, dans 40 ans, de les obliger à démolir les innovations qui les greveroient par l'estimation, lors du congément, ou de prendre, si ils veulent s'en contenter, des Lettres de reconnoissance & de non préjudice, qui les garantissent que, dans le cas de congément, les innovations ne seront pas comprises dans les estimations, & qu'ils ne seront pas obligés d'en tenir compte. — Ils doivent suivre le moulin des Propriétaires fonciers, & déclarer, dans les reconnoissances & dénombremens qu'ils leur donnent, l'obligation de respect. — Ils sont tenus aux Corvées naturelles à l'Usement & sans stipulation. Elles sont au nombre de six, trois à bras pour battre, amasser les grains & les foins des Propriétaires fonciers ; & trois avec chevaux & charrettes, si la Tenue est suffisante pour entretenir des bêtes de charge ou d'attelage. — Les

Corvées à faner doivent être continuées de jour en jour jusqu'à l'entière récolte, & elles ne sont comptées que pour une. Celles par chevaux ou charrettes ne peuvent s'étendre au-delà du chemin nécessaire pour aller & revenir en un jour; ils sont encore tenus à des Corvées extraordinaires, pour la construction & la réparation de la maison, des moulins, étangs & biens des Propriétaires fonciers, qui ne peuvent les appeller qu'à leur tour & rang, & qui doivent les nourrir, ainsi que leurs bestiaux. — Les objets remboursables aux Domaniers sont les superfices & droits réparatoires, les maisons, murs, fossés, arbres portant fruits, qui sont estimés à la charretée, comme si c'étoit de simples bois de chauffage. Mais les autres bois de la nature de ceux qui s'élèvent en haute futaye, savoir, chênes, frênes, hêtres & ormeaux, n'y sont pas compris, parce qu'ils appartiennent aux Propriétaires fonciers, à l'exception des émondes des chênes plantés sur les fossés, dont le tronc n'excède pas dix pieds de hauteur & est couronné. *Les stucs* & engrais employés à l'amélioration des terres destinées à recevoir les semences, entrent aussi dans l'estimation, eu égard à la quantité des terres ainsi engraissées, & jusqu'à la concurrence des trois quarts des terres labourables de la Tenue, si tant il s'en trouve ; mais dans le cas où il y en auroit plus des trois quarts, le surplus n'est point estimé. L'estimation de ces *stucs* & engrais ne peut excéder six livres par journal. Les Domaniers ont la faculté d'ensemencer les terres engraissées, jusqu'à la concurrence des trois quarts ci-devant énoncés, & de recueillir une fois les trois quarts des fruits, charges déduites, laissant l'autre quart aux Propriétaires fonciers. A l'égard des *marnix* & engrais existans en nature, les Domaniers congédiés sont tenus de les laisser sur le lieu, on les leur paye la moitié de l'estimation faite par Experts. Quant aux terres déja ensemencées, ainsi qu'aux fruits pendans & attachés à la terre lors du Congément, les Congédiés en ont les trois quarts, & les Propriétaires le quart. Les Congédiés ont le droit d'emporter les foins récoltés & les pailles de froment, mil, avoine & blé noir ; mais les pailles de seigle restent sur le lieu. Pendant l'instance du Congément, les Domaniers peuvent continuer la jouissance, labourer & faire les réparations en bons péres de famille, nonobstant les oppositions & les déclarations faites par le Libelle à fin de congément. — Les Domaniers ne peuvent être congédiés par les Tuteurs & Curateurs, non plus que par la Douairière, sans le consentement des Propriétaires fonciers.

Usement de Tréguier et Goello.

Les droits Convenantiers ſont immeubles pour les Domaniers, c'eſt pourquoi ils n'en doivent aux Propriétaires aveux ni hommages, ventes ni rachat; mais ils doivent payer les rentes ſeigneuriales à leur décharge, les Tailles ordinaires & extraordinaires. Ils doivent encore déclaration notariée, à chaque mutation de Propriétaire, par tenans & aboutiſſans, pour empêcher les changemens dans le Domaine & la nature de la rente, parce que le contrat à Domaine congéable reſſemble ſous quelques rapports au contrat de cens; mais il en diffère eſſentiellement en ce que le cens tranſporte la propriété du fonds, ſe réſervant le Bailleur une rente annuelle, & que par le contrat de Convenant congéable, le Propriétaire vend ſeulement les édifices & ſuperfices, en ſe réſervant la propriété du fonds moyennant une rente, ainſi que la faculté de congédier le Domanier, en lui rembourſant les édifices & ſuperfices, les trempes, pailles, *ſtucs* ou engrais qu'ils ont dans ou ſur les terres, également que les genêts ſur pied qui ont plus d'un an. Les frais d'eſtimation de ces objets ſont à la charge des Propriétaires fonciers. — Les Domaniers ont la liberté de bâtir sans somptuosité sur les anciens fondemens ; mais ils ne peuvent construire des bâtimens neufs sur de nouveaux fondemens sans le consentement des Propriétaires fonciers ; & s'ils le font, lors du congément, les édifices ne sont prisés que comme des pierres en monceaux, & des bois debout qui n'ont reçus aucune façon. — Les Domaniers ne sont obligés de payer les corvées en argent qu'en cas de refus de leur part & de contestation. Elles ont pour objet de faner & charroyer les foins, les vins, les bois de provision & l'ardoise : ils sont nourris, ainsi que leurs bestiaux, par les Propriétaires fonciers. Elles ne sont dues que dans le cas où la tenue est un peu considérable & ne peuvent être exigées que lorsqu'elles sont nécessaires ; si elles ne l'étoient pas, les Propriétaires fonciers ne pourroient les apprécier. — Les Domaniers qui trouvent leurs rentes excessives peuvent déguerpir & abandonner leurs Tenues, mais ils doivent le déclarer en Justice aux Propriétaires fonciers, & fournir une déclaration des terres qu'ils abandonnent.

Section troisieme.

Extrait des Usemens qui concernent les héritiers des Domaniers.

Usement de Rohan.

Lorsque les Domaniers meurent sans enfans de légitime mariage, leurs Tenues appartiennent en totalité aux Propriétaires fonciers; les collatéraux tels que les oncles, tantes, cousins, cousines & leurs enfans n'y ont aucun droit; cependant les freres & sœurs qui se trouvent habiter le Domaine à leur décès, ou qui sont à servir, à apprendre un métier, & qui n'ont point de domicile particulier hors le Domaine, héritent de leurs freres. Le plus jeune des enfans légitimes des Domaniers soit fils ou fille, est héritier de ce Domaine à l'exclusion des autres. Si il y a plusieurs Tenues distinctes & séparées dans une succession, le plus jeune des enfans a le choix entr'elles, ensuite son aîné immédiat, ainsi de suite du plus jeune au premier né, soit mâles ou femelles, & lorsqu'il y a plus de Domaines que d'enfans, le plus jeune recommence à choisir. Celui qui hérite de la Tenue est obligé de loger ses freres & sœurs jusqu'à ce qu'ils soient mariés; il doit les nourrir & les entretenir pendant leur minorité sur le bail à ferme & les profits de la Tenue. Lorsqu'ils sont mariés, il peut les expulser. — Les meubles se partagent également entre les enfans des Domaniers.

Les fumiers & engrais se partagent comme meubles.

Une veuve ne peut exiger, même à la rigueur, pour son douaire le tiers de la Tenue, mais seulement un logement suffisant & quelque bétail nourri, & elle doit payer au prorata de sa jouissance, les rentes & autres charges; une veuve qui se remarie, perd son douaire sur les Tenues.

Usement de Cornoailles.

Les veuves ont droit, pour leur douaire, aux édifices & superfices, quand ils sont vendus à d'autres qu'aux Propriétaires fonciers; elles les retirent par prémesse, en prennent possession, font bannir & s'en approprient, avec les mêmes formes que l'on observe pour se rendre Propriétaire irrévocable de tout autre héritage.

Usement de Brouerec.

Les lignagers n'ont pas la faculté de retraire

dans le cas de congément. — Les droits réparatoires sont réputés immeubles & susceptibles d'hypothéques & de retrait lignager à l'égard des Domaniers; mais non de division ou partage. A l'égard des Seigneurs fonciers, ils ne tiennent lieu que de meubles.

USEMENT DE TREGUIER ET GOELLO.

Les Domaines congéables sont immeubles à l'égard des héritiers des Domaniers ; ils ont droit à tout ce qui les compose, après que le Propriétaire foncier a été payé de sa rente, & que le douaire de la veuve a été levé & assis ; car comme les Domaniers ont le droit à bon marché & souvent à vil prix, & que par leurs soins les terres & maisons s'augmentent de valeur, il y a ordinairement du profit & des rentes de reste après le Propriétaire payé, attendu que par leurs baux convenantiers, les Domaniers se chargent de moins de rente qu'ils peuvent, suivant les conventions volontaires & la somme qu'ils donnent aux Propriétaires à cet effet.

Lorsqu'un mari donne les terres & maisons de campagne de sa femme à Domaine congéable, il doit faire emploi de la somme qu'il reçoit du Domanier, pour les édifices & superfices, parce que les biens de sa femme se trouvent diminués d'autant. Le mari est aussi tenu de faire emploi de la somme qu'il reçoit lorsqu'il vend ou aliéne les Domaines congéables de sa femme, parce que c'étoit son propre héritage immeuble.

Les héritiers des Domaniers partagent les droits réparatoires ; mais ils ne peuvent diviser la rente due aux Propriétaires fonciers, qui peuvent agir solidairement contre chacun d'eux, sauf leur recours.

Les deniers des remboursemens faits par les Propriétaires fonciers sont meubles ; ainsi ils entrent dans la communauté, & le mari Domanier n'est point obligé d'en faire emploi ; s'il vend les droits réparatoires à tout autre, il doit faire emploi des deniers qu'il reçoit; *dans ce cas, il y a lieu au retrait lignager & nullement au retrait féodal. Cet article*, porte le texte, *est grandement considérable pour la décision de plusieurs questions.* Lorsqu'un mari Domanier retire les droits de Convenant de sa femme, il doit être dédommagé de la moitié des deniers du retrait ou congément : il en est de même à l'égard de la femme.

Nous ne parlerons pas des autres Usemens qui se trouvent dans la Coutume de Bretagne, sous les titres de droits de Motte, de droits de Quevaise, parce que les derniers ont été abolis par un Décret particulier de l'Assemblée Nationale, du 15 Mars 1790, & que ceux de Motte auroient subi le même sort, s'ils n'eussent pas cessé d'exister quelque temps avant ce Décret.

Nous avons pensé que les détails dans lesquels nous venons d'entrer, étoient nécessaires pour mettre la Société en état de donner un avis fondé sur des connoissances certaines. Elle peut actuellement juger si nous pouvions, sans manquer à sa confiance, & sans l'exposer à se compromettre, nous dispenser de lui faire connoître, 1.° quels sont les cantons de la ci-devant Province de Bretagne, dans lesquels le Domaine congéable est en usage. 2.° Quelle est la véritable signification des mots employés dans les Usemens. 3.° Ce que c'est que le Domaine congéable. 4.° Enfin, quels sont les Usemens particuliers qui concernent ceux qui sont l'objet des Domaines congéables. Elle peut juger si toutes ces connoissances ne devoient pas précéder les réflexions que nous allons lui présenter sur la question que le Comité d'Agriculture & de Commerce lui a adressée, & qu'elle nous a chargés d'examiner.

SECONDE PARTIE.

Examen de la question proposée.

Si nous eussions été chargés, il y a trois ans, de la part de la Société, de lui présenter nos réflexions sur la question des Domaines congéables, persuadés, comme nous l'étions alors, comme nous l'avons toujours été & comme nous ne cesserons jamais de l'être, que toutes les Loix, Us & Coutumes qui peuvent tendre à aggraver le sort & la condition des Fermiers, Laboureurs & Cultivateurs, à ralentir leur activité naturelle, à étouffer leur industrie & à contrarier leurs travaux importans, sont opposés aux progrès de l'Agriculture, nous aurions fait toutes les recherches possibles pour connoître l'époque de l'établissement des Domaines congéables en Bretagne : nous aurions tout employé pour découvrir les motifs qu'avoient eu ceux qui les ont établis ; enfin, nous nous serions appliqués, avec le plus grand soin, à suivre les effets de ces établissemens. Ce que nous aurions fait alors, nous l'avons fait en ce moment.

A l'égard de l'époque de l'établissement des Domaines congéables en Bretagne, nous sommes assurés que l'on peut la fixer avec certitude entre le cinquiéme & fixiéme fiécles, c'eft-à-dire, 400 ans environ avant que les Fiefs fuffent connus dans cette contrée.

Les motifs de cet établiffement font confignés dans la Coutume de Bretagne, & voici le texte qui les contient.

« Le Convenant en Domaine congéable eft » une efpéce de Contrat emphitéotique, par » lequel les Seignéurs ont excité les Laboureurs » à entreprendre les défrichemens & cultures, » en laiffant la jouiffance du fonds, à charge de » certaine preftation annuelle, avec faculté d'y » faire certaines améliorations, dont ils ne » pourront être expulfés qu'en leur rembour- » fant le prix de ce qu'elles fe trouveront valoir » lors du Congément » (1).

Quant aux effets de cet établiffement, nous avons reconnu que des terrains en friches, que des landes, que des fols que l'on ne croyoit propres à aucune production font devenus très-fertiles en grains de toute efpéce, en fourrages & en bois. Ces faits font particuliérement connus de l'un de nous qui a paffé de longues années dans la ci-devant Province de Bretagne, qui n'a aucun intérêt à la queftion, puifqu'il

(1) Supplément de l'Ufement de Brouerec, p. 425.

n'y posséde aucun bien, mais qui, pendant le long séjour qu'il y a fait, a été nécessité de s'occuper particuliérement de tout ce qui a rapport aux loix qui la régissent. En nous en tenant il y a trois ans à ces recherches & à ces découvertes, nous aurions conclu que l'usage des Domaines Congéables étoit utile aux progrès de l'agriculture. Mais nous n'aurions pas alors borné notre examen à ces recherches & à ces découvertes. Convaincus que par le laps de tems les abus s'introduisent imperceptiblement & successivement dans les établissemens que les motifs les plus purs & les plus favorables au bien public ont dirigés dans leur origine, nous nous serions assuré si celui des Domaines Congéables en avoit été exempt.

Nous aurions reconnu, & nous ne l'aurions pas dissimulé, que les Seigneurs de fiefs, & peut-être encore plus qu'eux leurs gens d'affaires, étoient parvenus successivement à insérer dans quelques contrats à Domaine Congéable des clauses qui approchent beaucoup de celles que l'orgueil, la vanité & un pouvoir étrange que des hommes libres ont voulu exercer sur d'autres hommes aussi libres qu'eux, c'est-à-dire des clauses que la féodalité a introduites ; que ces contrats ont ensuite servi de base aux auteurs qui ont dans la suite rédigé les Usemens, que c'étoit ainsi que la pureté de l'établissement des Domaines Congéables a été altérée. Mais nous aurions observé que c'est particuliérement dans l'Usement de Rohan que cet abus s'est introduit; que les Domaines Congéables de ce territoire ont pour la majeure partie, & de tous tems, appartenus à des Seigneurs de fiefs: que le territoire qui est régi par l'Usement de Rohan est beaucoup moins considérable que chacun de ceux de Cornoailles, Brouerec, Treguier & Goello, dans lesquels la pureté de l'établissement des Domaines Congéables n'a point ou n'a été que très-peu altérée.

Convaincus de ces vérités affligeantes pour les Colons, & destructives de leur industrie, nous aurions dit à la société il y a trois ans: Vos travaux assidus & désintéressés, votre attachement sincère & inaltérable pour la classe d'hommes la plus intéressante de l'Empire François; votre zèle infatigable pour tout ce qui peut contribuer au bien être & au bonheur des habitans des campagnes, vos amis, vos plus chers & vos plus utiles co-opérateurs, tous ces titres vous engagent à entreprendre de faire rétablir le Domaine Congéable, particuliérement ſur le territoire de Rohan, dans toute la pureté de ſon établiſſement. Commencez-donc par employer tout votre crédit pour y parvenir; lorſque vos efforts ſeront couronnés, & que vous aurez obtenu de vos démarches le ſuccès que vous devez en attendre, nous nous empreſſerons de vous préſenter nos réflexions ſur la queſtion de ſavoir s'il eſt utile ou non à l'agriculture.

Mais nous ſommes diſpenſés aujourd'hui de former la demande préalable que nous aurions cru indiſpenſable de faire i y a trois ans. L'Aſſemblée Nationale a detruit le régime féodal dans ſon origine & dans ſes cauſes : dans ſon origine, en aboliſſant toutes les ſeigneuries ; dans ſes cauſes en déclarant tous les hommes égaux entr'eux vis-à-vis de la Loi. Elle a donc rétabli le Domaine Congéable dans toute la pureté de ſon établiſſement, & c'eſt ſous ce point de vue que nous devons & que nous allons le conſidérer.

Nous regardons comme utile à l'Agriculture tout ce qui peut favoriſer la multiplication des propriétés, ou au moins des exploitations; tout ce qui peut aſſurer aux Colons la continuité de la culture, en donnant à celui qui cultive de petites ou de grandes propriétés appartenantes à autrui, la certitude d'avoir travaillé pour lui-même pendant la durée de son bail ; tout ce qui peut tendre à laisser au Colon la plus grande liberté dans la manière de cultiver, & dans le choix des productions qu'il veut préférer ; tout ce qui peut le déterminer à améliorer le terrain qui lui est abandonné pour un tems, & à lui assurer à la fin de ce tems, si le Propriétaire ne veut pas le prolonger, la rentrée de ses premiers fonds, ainsi que de ceux qu'il aura employés pour toutes espéces d'améliorations permises ; enfin tout ce qui peut entretenir & augmenter le travail par l'espérance d'en obtenir un jour la récompense en devenant Propriétaire après avoir été Colon. Examinons donc si le Domaine Congéable, réintégré dans toute la pureté de son origine, favorise ou contredit des résultats si évidemment conformes au bien public & particulier.

On connoît les obstacles qui se sont opposés jusqu'à présent à la multiplication des petites propriétés (1). On sait que cette calamité publique

(1) Nous n'ignorons pas que l'idée qu'on attache aux mots *petites Propriétés* ou *petites Fermes*, n'est pas à beaucoup près la même par-tout. Ce qu'on nomme petite Ferme dans un lieu, seroit regardé comme exploitation de quelqu'importance dans un autre.

Nous savons aussi que dans les trop petites possessions

va diminuer inſenſiblement, & peut-être ceſſer tout-à-fait en aſſez peu d'années, par l'ardeur qui ſe manifeſte par-tout pour les défrichemens, pour la formation des prairies artificielles, & par conſéquent pour l'augmentation du bétail & des engrais ; moyens ſans leſquels, loin de pouvoir tirer un parti avantageux des défriche-

---

(quoique proportion gardée elles produiſent plus que les grandes), preſque tout le produit eſt abſorbé par la ſubſiſtance & les beſoins ou du Propriétaire, ou du petit Fermier & de leur famille ; que par conſéquent les grandes exploitations ſont plus utiles à l'Etat, parce qu'elles laiſſent un grand réſidu, après avoir fourni aux frais de culture, à la ſubſiſtance des ouvriers, à leurs ſalaires, aux contributions publiques, &c.

Mais nous penſons que dans la poſition malheureuſe où ſe trouve la très-majeure partie des Habitans des campagnes, & dans le beſoin preſſant d'augmenter la ſomme des terrains cultivés, il eſt très-eſſentiel de favoriſer toutes les cultures, même les plus petites, ſoit dans les défrichemens, ſoit dans les deſſéchemens. La pente irréſiſtible des choſes ne conduira que trop tôt à la réunion de pluſieurs de ces parcelles les unes aux autres, & peut-être à de plus grandes poſſeſſions. L'eſſentiel, juſqu'à ce que notre agriculture ſoit devenue aſſez étendue & aſſez floriſſante pour ſuffire à tout, eſt de commencer par multiplier les moyens de travail & de ſubſiſtance pour la multitude.

mens, nous pourrions tout au plus soutenir notre agriculture actuelle.

A ces moyens d'améliorations vont s'en joindre d'autres très-puissans en eux-mêmes, & fortifiés de plus en plus par les Décrets de l'Assemblée Nationale. Ces moyens sont les desséchemens des marais & de cette multitude de terrains inondés, qui, en dérobant des sols immenses à l'agriculture, vouent à la maladie & à la mort tous les Riverains de ces cantons empestés.

Ces grandes entreprises, à mesures qu'elles s'exécuteront, appelleront & attireront infailliblement une multitude de bras. Mais tout le détail de la culture exige des avances énormes en bâtimens, en bestiaux, en instrumens aratoires, en approvisionnement de grains, de fourrages, &c. &c. Nous ne doutons point que ceux qui auront de vastes terrains à défricher, de vastes desséchemens à faire, ne se portent, autant que leurs facultés le leur permettront, à faire les avances nécessaires, sans lesquelles il seroit non-seulement inutile, mais onéreux de défricher de nouveaux terrains, ou de dessécher des terrains inondés. Nous ne doutons pas qu'ils ne soient secondés dans leurs utiles opérations par des gens qui, ayant de petits capitaux, les employeront à acquérir de petites portions de ces terreins ; par la certitude d'en tirer un parti avantageux par le travail, l'économie & cette intelligence, qui accompagnent toujours l'amour de la propriété. Mais nous ne doutons nullement que si les baux à Domaine congéable s'introduisoient dans le Royaume, cette heureuse nouveauté ne hâtât, pour l'avantage de tous, & les défrichemens & la culture des terrains desséchés.

De simples Fermiers jetteroient les Propriétaires de vastes terrains dans la nécessité de faire les frais de construction de bâtimens, qui, joints à ceux de défrichement & de desséchement, deviendroient fort onéreux. Quand il leur seroit possible de suffire à ces efforts, les Fermiers y porteroient nécessairement la répugnance naturelle & assez juste en soi, de continuer, jusqu'au dernier jour du bail, des améliorations & une activité de culture dont ils craignent de ne pas profiter, & qui ne seroit utile qu'à leurs successeurs. C'est ce grand obstacle à la culture, qui a excité pendant si long-tems les réclamations contre la courte durée des baux ; on y a remédié en autorisant les baux de plus longue durée. Mais ce reméde, qui diminue le mal, ne le détruit pas entiérement ; le Fermier, dans les dernières années d'un bail de 18 ans, négligera la culture &

les

les améliorations, comme il les négligeoit dans les dernières années du bail de neuf ans.

Cet inconvénient majeur, & pour la chose publique, & pour le Propriétaire, & pour le nouveau Fermier, n'auroit & ne pourroit même avoir lieu avec le *Domanier*. Sûr d'être complétement remboursé jusqu'au dernier jour de son bail de ses soins, de ses dépenses, de ses améliorations, au cas qu'il ne pût s'accorder avec le Propriétaire du fonds, sur la continuation des anciennes conditions, ou sur des conditions nouvelles, il auroit tout à perdre à négliger le sol pendant les dernières années, & tout à gagner à redoubler d'activité, puisqu'il est sûr d'être remboursé du fruit de ses soins & de ses améliorations. Voilà donc un grand motif pour assurer à l'Etat la continuité de tous les travaux agricoles.

Un Domanier qui, d'après un titre invariable qui lui assure la propriété des édifices & superfices du terrain qu'il cultive, est sûr de travailler pour lui, de ne travailler que pour lui, a toutes sortes de motifs pour espérer que son travail & son économie le mettront, un peu plus tôt ou un peu plus tard, en état d'acquérir une propriété plus ou moins étendue, avec ce qu'il reçoit du remboursement des édifices &

ſuperfices des Domaines Congéables, ſoit que le Propriétaire veuille exercer ce droit, qu'il s'eſt réſervé par le contrat, ſoit que le Domanier ne veuille pas continuer l'exploitation au-delà du bail, & qu'il la céde à un tiers.

Un cas vraiſemblablement fréquent, ſeroit celui de petits Cultivateurs, propriétaires de quelques piéces de bétail & de quelques inſtrumens aratoires, mais hors d'état d'acheter la plus petite portion de terrain à défricher ou nouvellement défrichée, qui demanderoient à ſe charger, au moyen d'un foible prix de fermage, d'un petit fonds, pendant 9, 18 ou 27 années ; de conſtruire de petits logemens ſur ce terrain encore ſans valeur, d'y faire des foſſés, de le cultiver, d'y planter des arbres fruitiers & autres, ſous la condition qu'à la fin du bail ils ſeroient rembourſés comme Propriétaires mobiliers de tout ce qui exiſteroit en bâtimens, plantations, culture & autres améliorations quelconques ; à moins que le Domanier ne continuât ſon exploitation d'après un nouveau bail, ſous les mêmes conditions ou ſous de nouvelles dont le Propriétaire & le Domanier conviendroient librement.

Alors on procureroit à l'agriculture, qui n'a aujourd'hui que des Propriétaires qui cultivent eux-mêmes ou par leurs Fermiers ou Métayers, une classe mitoyenne qui tiendroit d'un côté à la classe des Propriétaires, & de l'autre à celle des Fermiers ; à la premiére, par la propriété des édifices & superfices acquis & accrus en valeur, par la faculté d'améliorer ; à la classe des Fermiers, 1°. par la limitation de la durée de l'exploitation fixée par le bail. 2.° Par le paiement du foible prix du fermage pour le fond du sol qui, sans appartenir au Domanier, seroit la base de l'accroissement de sa fortune, par un travail, des plantations, des améliorations dont la valeur lui seroit nécessairement remboursée à la fin de son exploitation.

Voilà de grands motifs pour hâter la mise en valeur de petites parties de terre à défricher, de petites portions de terrain desséchées, par la certitude du Colon de ne travailler que pour lui ; ce qui ameneroit insensiblement l'augmentation du nombre des petites propriétés : enfin ce seroit une cause évidente d'accroissement de travail & de produit de l'agriculture dans le Royaume.

Sous ces différens aspects, il paroît que loin d'abolir l'utile contrat à Domaine congéable, il seroit à désirer qu'il s'accreditât par-tout. Ce vœu est d'autant plus naturel à former, que les perſonnes qui connoiſſent la ci-devant province de Bretagne, relativement à ſon agriculture, & qui n'ont aucune part à la diſcuſſion de la queſtion propoſée, aſſurent unanimement que les terres à Domaines congéables, ſont généralement les mieux cultivées, les mieux entretenues ; & que parmi les cultivateurs non propriétaires, les Domaniers ſont ſans comparaiſon les plus aiſés, qu'il y en a un certain nombre au deſſus de l'aiſance & quelques uns riches.

Si il étoit néceſſaire de prouver que les ſuccès & les progrès de l'agriculture dépendent principalement & preſque uniquement de la certitude qu'a le cultivateur de ne travailler que pour lui, nous nous autoriſerions, quoiqu'à regret, d'un très grand abus qui dure depuis très long-temps dans le *Santerre* qui fait partie de la ci-devant province de Picardie. C'eſt un abus qu'il feroit ſans doute très-convenable de faire ceſſer ; mais dans la queſtion qui nous occupe, il n'en eſt pas moins une preuve des bons effets de la perſuaſion où eſt le cultivateur fermier que ſes ſoins & ſes travaux tourneront tout à fait à ſon profit.

L'Uſage le plus général dans le Santerre, contrée d'une fertilité remarquable en grains, eſt que les fermiers ſe ſont rendus maîtres abſolus de leurs fermes, ſans addition aux anciens fermages ; ils diſpoſent des biens qu'ils cultivent comme ſi ils en étoient propriétaires. Ils les tranſmettent comme une ſucceſſion à leurs enfans ; ils les leur donnent en tout ou en partie, en les mariant ; ils les morcelent en s'en réſervant pour eux-mêmes des portions. Le Propriétaire n'oſe jamais changer de fermier, & ſi il l'oſe, il ne tarde pas à s'en repentir par les actes de vengeances terribles & preſqu'inévitables que ſe permettent les fermiers, qui ſur ce point, ſe tiennent tous, comme ils le feroient pour la conſervation légitime de leur propriété.

Voilà un grand & un très-grand déſordre, duquel cependant réſulte une *agriculture très-floriſſante.* Si l'on avoit dans le Santerre des *Domaniers* au lieu de *Fermiers*, la même proſpérité exiſteroit pour l'agriculture, & il n'exiſteroit ni déſordre ni abus.

L'un de nous vient de demander les plus amples éclairciſſemens ſur tout ce qu'on ſe permet à cet égard dans le Santerre contre les droits de la propriété. Il s'eſt adreſſé à un homme parfaitement inſtruit & plein d'amour & de zèle pour le bien public. Lorſque ces éclairciſſemens auront été fournis, la Société regardera certainement comme un devoir de les mettre ſous les yeux du Comité d'Agriculture de l'Aſſemblée Nationale.

Si les abus connus de la féodalité qui avoient introduit, pour ainſi dire, une langue nouvelle, ont introduit dans les Uſemens des expreſſions & des eſpéces d'aſſujettiſſemens pour les Domaniers qui ont pu les faire aſſimiler à des Vaſſaux, toute féodalité, toute inégalité dans les partages ayant été abolies par des Décrets ſanctionnés, il ne reſte pas même le plus léger motif de réclamation & d'inquiétude ſur ces acceſſoires du Domaine congéable conſidéré en lui-même. Si de plus le projet ſi deſiré de la ſuppreſſion des Coutumes, & à plus forte raiſon des Uſemens locaux, eſt exécuté, le Domaine congéable ne ſera plus que ce qu'il a été dans ſon origine, c'eſt-à-dire, un contrat très-libre, très-licite, très-compatible avec les Droits de l'homme, & dont les effets ſeront évidemment favorables à l'Agriculture.

Une foule d'autorités plus graves les unes que les autres atteſtent cette vérité. Nous nous bornerons à rapporter ici le ſentiment de *du Parc-Poulain* & celui du Directoire du Diſtrict de *Quimperlé*, conſigné dans une délibération priſe le 20 Décembre 1790 ſur le Requiſitoire du Procureur Syndic.

« Il feroit facile (dit du Parc-Poulain (1))
» de prouver que ces conceffions (à Domaine
» Congéable) font beaucoup plus avantageufes
» pour la population & pour l'agriculture que
» les fimples fermes muables qui ont lieu dans
» le refte de la Province, & même dans le
» pays de *Léon* où le Domaine Congéable n'a-
» voit pas lieu dans le principe. Un Payfan
» Propriétaire des édifices & fuperfices de fa
» tenue, dont la jouiffance ne peut ceffer que par
» le congément, & qui a toujours efpérance de
» l'empêcher en payant une commiffion à l'ex-
» piration de fa baillée, fe regarde comme Pro-
» priétaire de fa tenue, & l'améliore avec plus
» de foin & de courage qu'un Fermier qui
» prévoit la ceffation de fa jouiffance à l'expi-
» ration de fa ferme. Cela produit l'abondance
» & la richeffe. Auffi pendant que prefque tous
» les Métayers font pauvres dans les différentes
» parties de la Province, il eft très-ordinaire
» de voir les Domaniers riches ; ce qui pro-
» duit la population, outre l'augmentation de
» l'agriculture. Ainfi l'on ne peut trop favo-
» rifer la multiplication des Domaines Con-

(1) Journal du Parlement de Bretagne, tome 5. chap. 172, Pages 596 & 597.

» géables, & les premiéres conceſſions qui en » ſont faites ».

Voici comment s'explique le Directoire du Diſtrict de *Quimperlé :* « Sous les pays d'Uſemens, les Payſans ſont beaucoup plus aiſés, » leurs terres ſont mieux cultivées, plus garnies, mieux entretenues & plus boiſées que dans » la Haute-Bretagne, où les Métayers, ſouvent » à mi-croît, ne quittent point la terre avec de » fortes ſommes comme nos Fermiers Domaniers; & que ceux-ci ſont d'autant plus libres » de leurs perſonnes qu'ils afferment & peuvent » affermer leurs droits réparatoires, les vendre, » les hypothéquer, charger leurs Sous-fermiers » de les libérer des rentes & charrois, même » des réparations & de toutes les charges de » la tenue ». Voilà des témoignages en faveur des Domaines Congéables, qui non-ſeulement ne peuvent être ſuſpects, mais qui ſont d'un très-grand poids.

Mais on dira peut-être, ſi le Domaine Congéable procure aux Colons des avantages auſſi réels que vous le prétendez; s'il eſt auſſi favorable à l'agriculture que vous l'avancez, pourquoi tous les Domaniers ſe ſont-ils réunis pour en ſolliciter la ſuppreſſion? Pourquoi ces réclamations vives, ces pétitions multipliées, adreſfées à l'Assemblée Nationale contre cette espéce de fermage ?

Pour répondre à cette objection d'une maniére satisfaisante, il est indispensable de remonter à l'origine de la demande faite par les Domaniers : la voici.

Lors de la rédaction des cahiers dans les Assemblées primaires, on insista, dans toutes les parties du Royaume, avec autant de chaleur que de raison, sur la demande positive de l'abolition du régime féodal. Comme dans les Usemens qui régissent plusieurs cantons de la Basse-Bretagne, & particuliérement dans celui de *Rohan*, il s'étoit introduit des expressions & des conditions ressemblantes à celles de ce régime, la proscription de ces expressions & de ces conditions fut également demandée. L'Assemblée Nationale a dirigé ses premiers travaux contre la féodalité. Elle en a prononcé l'abolition totale par un Décret solemnel. Les expressions & les conventions contenues dans les Usemens qui avoient quelques rapports à ce régime ont donc été proscrites par ce Décret, & le Domaine congéable a été rétabli dans toute la pureté de son origine.

Mais cette proscription n'a pas paru suffisante à quelques habitans de la Basse-Bretagne. Ils ont pensé que l'Assemblée Nationale pouvoit anéantir les baux à Domaine congéable dans leur totalité, même ceux existans actuellement, & faire passer aux Domaniers, moyennant une somme très-modique, la propriété entiére & absolue des fonds dont, par conventions libres & particuliéres, ils n'avoient que la jouissance limitée, même la propriété des bois qui couvrent ces fonds, & sur lesquels ils n'avoient aucun droit.

Ce systême proposé aux Domaniers, ne pouvoit manquer de leur plaire ; ils ne pouvoient manquer de l'adopter, sur-tout leur ayant persuadé en même tems qu'il entroit dans les vues des Législateurs, & que l'Assemblée Nationale n'excéderoit pas ses pouvoirs en l'adoptant. Ils se sont donc proposé de former la demande de son adoption, & ils ont exécuté ce projet dans une Assemblée très-nombreuse tenue à Pontivy dans le mois de Février de l'année derniere ; Assemblée qui avoit pour principal objet d'appaiser les troubles qui désoloient alors la Bretagne, de rétablir l'ordre & de mettre sous la sauve-garde publique les personnes & les propriétés.

Si les créateurs de ce systême avoient été pénétrés des principes de M. *Hell*, principes que nous avons rapportés au commencement de ces observations ; si ils eussent tenu un langage qui y fût conforme ; ſi enfin ils euſſent dit aux Domaniers : l'Aſſemblé Nationale *ne peut ni ne veut* changer la volonté des Contractans, qui eſt un des plus précieux effets de la liberté ; elle a fait tout ce qui étoit de ſa juſtice, en aboliſſant le régime féodal & tout ce qui y a rapport ; en détruiſant juſqu'aux apparences de tout ce qui pouvoit aggraver votre ſort & votre condition ; en rendant au Domaine Congéable toute la pureté de ſon établiſſement ; mais la même juſtice qu'elle a miſe dans ſa conduite à cet égard, elle l'employera pour aſſurer, défendre & conſerver les propriétés ; ce devoir n'eſt pas moins ſacré pour elle que celui qu'elle s'eſt empreſſée de remplir à l'égard des citoyens opprimés.

Mieux inſtruits, les Domaniers ne ſe ſeroient certainement pas réunis pour demander l'abolition entiére & actuelle des Domaines Congéables ; ils n'auroient pas fait de réclamations ; ils n'auroient point adreſſé de pétitions. Cette réunion n'eſt donc que l'effet de l'erreur dans laquelle on les a plongés ſur les diſpoſitions des Légiſlateurs & ſur l'eſprit de juſtice de l'Aſſemblée Nationale. Cela paroît ſi conſtant, que le Diſtrict de QUIMPERLÉ, compoſé de membres qui ont aſſiſté à l'Aſſemblé tenue à Pontivy, & qui en ont ſigné le Procès-verbal, expoſe dans ſa Délibération, dont nous venons de parler, des principes & une opinion diamétralement opposés à ceux avancés dans cette Assemblée.

On pourroit donc croire, avec quelque fondement, que si, après avoir retiré les autres Domaniers de l'erreur dans laquelle ils peuvent être encore, sur les dispositions des Législateurs & la justice de l'Assemblée Nationale, on leur demandoit, maintenant que le Domaine Congéable est rétabli dans toute la pureté de son origine, s'ils veulent jouir aux mêmes titres & sous les mêmes conditions que les Fermiers des autres parties du Royaume, ou comme ils ont vécu jusqu'à présent, c'est-à-dire, comme Domaniers, ils préféreroient tous la jouissance Domaniale.

Encore une réflexion; ce sera la dernière. Il est généralement reconnu, & avoué, que les biens ruraux, possédés & affermés par les ci-devant Ecclésiastiques réguliers, étoient du nombre de ceux qui étoient les mieux entretenus, les mieux soignés, & les plus productifs; qu'ils étoient garnis des plus beaux & des plus nombreux bestiaux; qu'ils étoient couverts de plus grande quantité & de meilleure qualité d'arbres fruitiers; qu'ils fixoient d'une maniére particuliére l'attention des voyageurs; qu'on les distinguoit aisément au milieu de ceux qui les entouroient. Pourquoi ces biens étoient-ils dans cet état, vraiment remarquable, d'abondance, de fertilité & de prospérité?

C'est que les Fermiers des Religieux possédoient, dans le fait, & sous les rapports les plus essentiels, à l'instar des Domaniers; c'est qu'il étoit très-rare que les Religieux changeassent leurs Fermiers; c'est qu'ils existoient de pere en fils dans leurs biens; qu'ils les regardoient comme leur propriété, & les soignoient comme telle; c'est qu'ils ne craignoient pas de perdre les avances qu'ils faisoient pour les améliorer, parce qu'ils avoient la presque certitude de n'être pas congédiés à la fin d'un bail, moyennant une légére augmentation qu'ils donnoient; c'est qu'ils étoient assurés qu'ils ne travailloient que pour eux & que pour les leurs; c'est qu'enfin ils ne rendoient de leurs fermes qu'un prix modéré, & que les bénéfices qu'ils faisoient, les mettoient dans l'heureuse facilité d'élever leurs enfans, de leur donner une sage éducation, & de leur procurer des établissemens solides, convenables & proportionnés à leur fortune. Voilà des faits, & des faits aussi notoires, qu'incontestables. Tout est dit en agriculture, lorsque les faits ont parlé.

Si donc, comme nous croyons l'avoir démontré, le Domaine Congéable, tel que nous devions le considérer, & qu'il existe en ce moment, c'est-à-dire, ramené à la pureté de son origine, favorise la multiplication des propriétés & des exploitations; assure aux Colons la continuité de leur culture ; leur offre la plus grande liberté dans la maniére de cultiver, & dans le choix des productions qu'ils veulent préférer ; les détermine à améliorer le terrain qui leur est concédé ; leur donne l'espérance d'être un jour récompensés de leurs travaux en devenant propriétaires, nous ne devons pas hésiter, & nous n'hésitons pas à conclure, que cette espéce de fermage est utile aux progrès de l'agriculture ; nous ajoutons même avec confiance, que plustôt il se propagera dans toutes les parties du Royaume, plustôt cet art, le premier & le plus important de tous, parviendra au dégré de perfection où il doit être dans un Empire agricole & libre.

Il nous reste, pour avoir complettement rempli notre tâche, à rappeller à la Société la demande que M. *Hell* lui a faite, & qu'elle nous a chargés d'examiner.

M. *Hell* demande que la Société donne un modéle, ou projet de location des terres, qui encourage les desséchemens des marais, & les défrichemens des terres incultes ; qui favorise les progrès de l'agriculture ; qui fasse le bien du Propriétaire & du Colon ; qui les réunisse par des intérêts communs, & qui détruise jusqu'à la possibilité des procès entr'eux.

La question que nous venons de traiter ayant exigé un travail considérable, qui a employé tout notre temps, nous n'avons pu nous occuper de la demande de M. *Hell.* Nous nous livrerons très incessamment à cet examen; mais nous croyons devoir avouer aujourd'hui à la Société notre insuffisance, pour la rédaction d'un projet de location, qui satisfasse à la derniére condition de la demande de M. *Hell*, c'est-à-dire, *qui détruise jusqu'à la possibilité des procès entre les Propriétaires & les Colons.* Nous ne connoissons que la loyauté, l'amour de la justice & de la paix réciproques, dans la rédaction, ainsi que dans l'exécution des traités & des actes, qui puissent éloigner les procès. Comme ces vertus, qui dirigent toutes les actions de M. *Hell*, doivent prédominer dans le cœur de tout Citoyen libre, & qui est gouverné par des loix sages, auxquelles tous indistinctement doivent être soumis, il nous est agréable de nous persuader qu'elles prendront dans celui de tous les François, la place de la mauvaise foi, de l'égoïsme & de la cupidité, qui ont été jusqu'à présent la source de tous les procès.

Au Louvre, le 17 Mars 1791.

Signé ABEILLE; l'Abbé TESSIER; l'Abbé LE FEBVRE.

Extrait des Registres de la Société Royale d'Agriculture.

Du 17 Mars 1791.

LA SOCIÉTÉ, invitée par *le Comité d'Agriculture & de Commerce de l'Assemblée Nationale* à lui donner son avis sur la question suivante; *l'usage des Domaines Congéables est-il utile ou non aux progrès de l'Agriculture?*, avoit nommé MM. *Abeille*, l'Abbé *le Febvre*, & l'Abbé *Tessier*, pour rassembler tous les renseignemens sur cet objet, & lui faire un rapport particulier, afin d'être à portée de repondre au Comité. LA COMPAGNIE, après avoir entendu la lecture, faite par M. l'Abbé *le Febvre*, des observations de ses Commissaires, *les a adoptées*, & a chargé son Secrétaire d'en adresser une copie à *M. le Président du Comité d'Agriculture & de Commerce de l'Assemblée Nationale.*

Certifié conforme à l'original, *Signé* A. BROUSSONET, *Secrétaire perpétuel.*

www.ingramcontent.com/pod-product-compliance
Lightning Source LLC
LaVergne TN
LVHW050429160826
845677LV00002BA/620

* 9 7 8 2 3 2 9 6 8 5 0 0 7 *